Td^{58}_{s}

I0071171

SOCIÉTÉ IMPÉRIALE

DE

MÉDECINE, CHIRURGIE ET PHARMACIE

DE TOULOUSE.

Séance du 14 Mai 1854.

DES

CONSTITUTIONS ATMOSPHÉRIQUES

AU POINT DE VUE

DE L'HYGIÈNE, DE LA PATHOGÉNIE ET DE LA THÉRAPEUTIQUE.

❧

DISCOURS

PRONONCÉ, LE 14 MAI 1854,

A l'ouverture de la Séance publique

De la Société impériale de Médecine, Chirurgie et Pharmacie
de Toulouse;

PAR G. FOURQUET,

Docteur en médecine de la Faculté de Montpellier; ancien Prosecteur et Directeur
des Travaux anatomiques de l'Ecole de Médecine de Toulouse; ancien Médecin des
épidémies du département de la Haute-Garonne; Vice-président de la Société
de Médecine, Chirurgie et Pharmacie; Médecin titulaire des Hôpitaux civils;
Médecin honoraire des Dispensaires de Toulouse; Membre du Comité
de vaccine de la Haute-Garonne; Membre correspondant des
Sociétés de Médecine de Paris, de Bordeaux, de Lyon,
de Montpellier, de Marseille; de l'Académie
de Médecine et Chirurgie de Barcelonne;
du Congrès scientifique de France;
de la Société de Médecine
appliquée à l'hydrologie,
etc., etc.

⸺◦◦◦◦⸺

TOULOUSE,

IMPRIMERIE DE JEAN-MATTHIEU DOULADOURE,

RUE SAINT-ROME, 41.

1854.

CONSTITUTIONS ATMOSPHÉRIQUES

AU POINT DE VUE

DE L'HYGIÈNE, DE LA PATHOGÉNIE ET DE LA THÉRAPEUTIQUE,

—◁◦▷—

MESSIEURS,

Des motifs bien tristes, que vous connaissez, ont empêché le Docteur *Perpère*, notre estimable Président, de remplir ses fonctions académiques jusqu'au bout. De nouveau vous eussiez entendu sortir de sa bouche un de ces discours remarquables qui aurait captivé toute votre attention. Malheureusement pour tous, je suis obligé de porter la parole à sa place.

La tâche qui m'est fortuitement imposée est très-honorable, sans doute, mais elle est aussi bien difficile! Elle l'est d'autant plus pour moi, qu'elle a été toujours remplie d'une manière distinguée par les honorables collègues qui ont tour à tour occupé ce fauteuil.

Messieurs, les discussions pleines d'intérêt qui ont lieu dans nos séances intimes, et surtout la circulaire de M. le Préfet de la Haute-Garonne, du 31 janvier 1854, adressée au Corps médical du département, m'ont inspiré l'idée d'exposer ici quelques réflexions sur

les constitutions médicales, et les maladies régnantes
en général, et sur l'état hygiénique de notre ville. Ces
considérations auraient comporté de grands et utiles
développements. J'ai dû cependant me restreindre aux
limites prescrites par la solennité de ce jour.

Les médecins philosophes ont signalé, de tous les
temps, que les divers états de l'atmosphère, joints aux
dispositions géologiques des différentes régions du globe
terrestre, ont des influences très-prononcées sur tous les
êtres organisés et vivants.

Pour ce qui concerne l'homme en particulier, on a
observé que la réunion de toutes ces circonstances,
auxquelles doit être ajouté son genre de vie, modifie
profondément son organisation et son moral, toutes ses
fonctions en un mot, et par suite la plupart des maladies auxquelles il est sujet.

Considéré sous le rapport de la Médecine, l'ensem-
ble de ces conditions a reçu le nom de constitution
médicale atmosphérique, et la dénomination de maladies
régnantes, ou de constitution médicale proprement dite,
a été consacrée aux affections qui se développent sous
son influence.

Les qualités principales de l'atmosphère; sa composition chimique, ses divers degrés de température, d'hu-
midité, de sécheresse, de pesanteur, d'électricité et de
lumière; la direction et la force des vents, sont appré-
ciés par la science, au moyen d'instruments spéciaux.
Cependant, dans certaines épidémies, comme le choléra,
il paraît évident qu'il existe d'autres principes météorologiques qui jusqu'ici n'ont pu être démontrés.

L'homme a, sur les autres animaux, l'avantage de
pouvoir vivre sous tous les climats. Ce privilége, il ne

le tient pas évidemment de son organisation seule ; il le doit principalement à son intelligence, et aux moyens que la civilisation lui a fournis pour se garantir contre les influences des climats extrêmes, et tourner à son profit les productions, les richesses même, qu'il ne saurait trouver ailleurs.

Malgré tous ces avantages, qui lui donnent la prérogative de résister, mieux que les autres êtres animés, aux lois générales qui régissent l'univers, l'homme subit, à la longue, les effets de ces lois. C'est ce qui a fait dire au savant Virey : « Le corps humain est obligé » de se courber sous le joug des influences atmosphé- » riques, parce qu'il est l'enfant de cette nature domi- » natrice de l'univers... » Hippocrate avait dit avant lui : « La nature de l'homme n'est pas cependant supérieure » à la puissance de l'univers. »

L'étude et la connaissance des constitutions médicales ont commencé dès l'origine de la science. Quatre cents ans avant l'ère chrétienne, Hippocrate traita le premier ce sujet important dans son immortel ouvrage, *de l'Air, des Lieux et des Eaux.* « Celui, dit-il, qui veut bien » apprécier la Médecine, considérera d'abord les saisons » de l'année et l'influence respective que chacune d'elles » exerce..... Il examinera les vents communs et propres » à chaque localité, la nature des eaux, le genre de vie » des habitants, etc., etc. »

Dans le deuxième siècle après la venue du Christ, Galien adopta et commenta la doctrine du vieillard de Cos.

Baillou, qui illustrait la médecine en France, à la fin du seizième siècle, étudia d'une manière bien approfondie les constitutions atmosphériques, et en fit une application heureuse à la médecine clinique.

A la fin du dix-septième siècle, Sydenham , qui a mérité le surnom d'Hippocrate moderne , d'Hippocrate anglais , attribua , d'après l'observation , une grande influence aux constitutions médicales , et exposa, dans son traité de Médecine pratique, les motifs de sa foi et de ses doctrines thérapeutiques.

L'Angleterre compte encore beaucoup d'autres partisans distingués de ces constitutions.

Le célèbre Baglivi, au commencement du dix-huitième siècle , crut également à l'influence des constitutions médicales. Il déclara dans ses ouvrages qu'il vivait et écrivait sous le ciel de Rome.

Ramazzini , son contemporain , observa et traita d'après les mêmes principes plusieurs épidémies qui régnèrent à Modène.

Un peu plus tard, l'illustre Boerrhaave professait à Leyde les bons préceptes de l'école de Cos.

Des Médecins moins anciens, mais aussi célèbres, les Stoll , les Frank , etc. , en Allemagne ; et en France, les Raymond de Marseille , les Fouquet , les Pinel , les Hallé , notre savant compatriote Double , et beaucoup d'autres , parmi lesquels nous pourrions , sans vanité , citer plusieurs anciens Présidents de la Société de Médecine de Toulouse (1), ont soutenu les doctrines hippocratiques avec la puissante autorité de l'observation clinique et la supériorité de leur talent.

En général, les écoles de Médecine, celle de Montpellier surtout, ont admis ces principes fondamentaux de la science et de la pratique.

A la fin du dix-huitième siècle, des Sociétés de Méde-

(1) MM. Cabiran, Duffourc, etc.

cine s'établirent dans les principales villes de France,
et, sentinelles vigilantes, elles travaillèrent sans cesse
à la conservation des bonnes doctrines, en s'opposant aux
envahissements des nouveaux systèmes qu'on voulait,
tour à tour, leur substituer. Elles attachèrent toujours
une grande importance aux institutions qui nous occu-
pent.

Pour en propager l'étude et l'application, elles ont
généralement consacré la séance du 1er de chaque mois
à l'appréciation de l'état météorologique et des maladies
régnantes.

Elles ont examiné ainsi les rapports observés entre
les influences extérieures et les affections dominantes.

Ces Sociétés, toujours dans le même but, ont proposé
souvent pour sujet de prix, la topographie d'une con-
trée ou d'une localité spéciale.

L'ancienne Société royale de Médecine de Paris fut
la première à donner le bon exemple, en mettant au
concours la topographie de la Capitale et de ses en-
virons.

La Société de Médecine de notre ville, jalouse de
remplir tous les devoirs de son institution, proposa, en
1810, pour sujet d'un grand prix, la topographie du
département de la Haute-Garonne, et plus particulièrement celle de la ville de Toulouse.

Le prix fut décerné, en 1812, à M. Saint-André,
nommé plus tard Professeur de Matière médicale et de
Thérapeutique à l'Ecole de Médecine.

Cette même année (1812), elle proposa un autre
grand prix, sur les Constitutions médicales.

Les Sociétés de Médecine de Paris, de Bordeaux, de
Lyon, de Marseille, de Montpellier, de Nantes, de Poi-

tiers, etc., ont suivi les mêmes errements. L'étude des constitutions atmosphériques et des maladies qui les accompagnent, occupe une place importante dans leurs intéressantes publications.

Grâce à ces sociétés et à d'autres compagnies savantes, la France possède un bon nombre de topographies médicales partielles.

Mais ce ne sont pas les Médecins seulement qui se sont montrés partisans des constitutions médicales. Des Chirurgiens illustres y ont eu foi aussi.

Delpech, le célèbre Delpech, a consigné ses convictions, à ce sujet, dans le Mémorial du Midi.

Et tous les praticiens judicieux ne choisissent-ils pas, pour pratiquer les opérations les plus graves, mais dont l'exécution n'est pas urgente, les saisons de l'année les plus favorables à la santé et les époques où il n'existe pas de maladies épidémiques? Les Chirurgiens peu attentifs aux influences dont il s'agit, n'ont-ils pas été trop souvent surpris de voir la fièvre typhoïde, des accès de fièvre intermittente pernicieux, une ophtalmie, un érysipèle épidémiques, compromettre les résultats des opérations les mieux faites, et enlever quelquefois leurs malades, au moment où tout donnait d'ailleurs l'espérance d'une guérison prochaine ?

Malgré ces puissantes autorités, Messieurs, il y a eu et il y a encore des médecins qui ont rejeté les constitutions, ou ont émis des doutes sur leur existence.

Aux plus incrédules, nous opposerons les preuves irrécusables, fournies par les maladies particulières à certains pays. N'est-il pas universellement reconnu que la plique est spéciale à la Pologne? que le goître et le crétinisme règnent particulièrement dans les gorges des

Alpes et des Pyrénées? les fièvres intermittentes dans les pays marécageux ?

D'un autre côté, les rhumatisants, les goutteux, les vieux soldats atteints d'anciennes blessures, les femmes nerveuses, ne prédisent-ils pas les changements de temps, les modifications de l'atmosphère? Qui ne connaît d'ailleurs les effets du changement de climat et des saisons sur la santé de l'homme?

D'après ce qui précède, à chaque maladie régnante devrait correspondre une constitution météorologique particulière. Le plus souvent, Messieurs, cette correspondance existe. C'est ainsi qu'ont pris naissance et ont grandi les doctrines que nous professons. Mais cette règle, comme toutes les lois, présente des exceptions. Ce sont ces exceptions qui nous forcent à reconnaître qu'il y a quelquefois, dans l'atmosphère ou ailleurs, quelque chose de caché. C'est le *quid divinum* d'Hippocrate, le *quid ignotum* des savants.

Vous l'avez toujours reconnu, Messieurs, il n'est pas donné à l'intelligence et à la raison humaines, de tout pénétrer, de tout expliquer !

Quelques Médecins, après avoir admis l'existence des constitutions médicales atmosphériques, en ont contesté l'influence, du moins comme l'avaient entendue la plupart de leurs partisans.

Ceux qui les ont le mieux étudiées ont pensé qu'elles déterminent ou favorisent le développement des maladies fébriles qui dominent dans un temps donné; qu'elles leur impriment un cachet particulier, et qu'elles indiquent un même traitement, modifié seulement suivant l'âge, le sexe et le tempérament des individus. Pour rendre cette influence plus facile à saisir, Sydenham l'a comparée, d'une manière heureuse, à cette autre influence des périodes de l'année, qui amènent chez les végétaux la germination, la floraison, la maturité des fruits, etc., et chez les animaux l'émigration des oiseaux de passage, l'apparition de certains insectes, etc. Nous, nous ajouterons chez tous, le réveil des instincts, des mouvements de la reproduction, et les phénomènes curieux de la mue périodique, qui est simplement annuelle dans nos climats tempérés.

L'illustre observateur anglais avait remarqué que les moyens thérapeutiques, dont les résultats avaient été très-heureux contre les maladies de toute espèce qui régnèrent à Londres pendant trois années consécutives, ne lui réussissaient plus les deux années suivantes. Les mêmes affections réclamaient un traitement opposé : la constitution avait changé.

Stoll à Vienne, Tissot à Lausanne, avaient fait les mêmes remarques.

Et vous aussi, honorables Collègues, n'avez-vous pas signalé, de temps en temps, dans vos séances, des faits semblables, dépendant des mêmes causes ?

C'est sur les populations qui vivent dans des conditions communes, qu'on peut apprécier le mieux les effets des constitutions atmosphériques. Mais on ne devra jamais perdre de vue que les éléments qui les composent, ainsi que les effets qu'elles produisent, sont différents, suivant les climats, suivant les saisons et leurs intempéries, suivant, enfin, certaines localités du même climat. On prendra aussi en considération les combinaisons diverses des constitutions entre elles et des influences réciproques que les unes exercent sur les autres. Le père de la Médecine dit, qu'il est important de considérer, non-seulement la constitution actuelle, mais encore les constitutions précédentes.

Il est donc évident, d'après cet exposé, qu'il existe entre les maladies régnantes et les conditions météorologiques des rapports bien certains de causes à effets, et que la connaissance de ces rapports est encore le guide le plus sûr du véritable praticien.

Cependant, depuis qu'on s'est trop préoccupé de la localisation des maladies, des lésions matérielles des organes, au détriment de la recherche des causes générales et des modifications des forces de la vie; en un mot, depuis que la Médecine est devenue, j'oserai dire, trop anatomique et trop chirurgicale surtout, l'étude des constitutions a été négligée et semble passer de mode. Toutefois, une réaction salutaire semble s'opérer aujourd'hui contre cette négligence oublieuse. Le Gouvernement sollicite, des hommes de l'art, les éléments d'une géographie médicale de la France.

Quant à nous, Messieurs, forts d'un passé qui nous est propre, forts principalement de notre expérience, nous ne pourrions répudier la succession de nos devanciers, établie sur des titres impérissables.

Sans partager l'enthousiasme des inventeurs et des partisans exagérés des constitutions, continuons à poursuivre avec zèle l'œuvre des maladies régnantes comparées avec les diverses conditions de l'atmosphère, œuvre commencée par nos prédécesseurs depuis plus d'un demi-siècle. Continuons à ne pas nous borner à faire un simple inventaire, une nomenclature aride des affections observées dans le cours de chaque mois de l'année. Un travail semblable ne serait d'aucune utilité pour nous, moins encore pour nos successeurs et pour la science.

Attachons-nous, au contraire, de plus en plus à bien
caractériser ces maladies, à apprécier les analogies et les
différences qu'elles présentent avec celles qui ont dominé
dans les mois, les saisons et les années précédentes.
Signalons leur fréquence relative, leur degré respectif
de gravité, le traitement qu'elles ont réclamé et les
moyens qui ont été suivis des meilleurs résultats. Faisons
attention, non-seulement aux effets pathogéniques des
saisons, mais encore aux effets thérapeutiques que les unes
peuvent exercer sur les maladies des autres. Depuis
Hippocrate, tous les grands observateurs n'ont-ils pas
reconnu que l'été guérit ou aide à guérir les maladies
de l'hiver, et ce dernier celles de l'automne ?

Pénétrée de l'importance des principes qui viennent
d'être exposés, la Société de Médecine en fait sans cesse
l'application à la constitution de Toulouse. Elle consacre
pour cet objet la première séance de chaque mois, et,
par l'organe de son Secrétaire spécial, elle rend compte,
dans la séance publique annuelle, du résultat général de
ses observations.

Elle étudie en outre tout ce qui se rapporte à la
topographie médicale de notre cité. Depuis quarante ans,
de grandes et nombreuses améliorations, auxquelles le
plus souvent la Société n'a pas été étrangère, ont été
opérées dans tous les quartiers, soit par le zèle des ad-
ministrations municipales, soit par la munificence du
Gouvernement et la sollicitude du Conseil général.

Sans doute, il reste encore beaucoup à faire, sous
le rapport hygiénique, dans notre grande ville ; mais
nous savons qu'à tout il faut le temps. Du reste, les
améliorations sont incessantes.

Par sa composition, par le zèle dont elle est animée,

et surtout par la vigilance spéciale de la Commission permanente de salubrité établie dans son sein, la Société de Médecine offre la garantie certaine que, dans les limites de ses attributions, elle veille et veillera toujours efficacement sur tout ce qui peut se rattacher à la santé de notre population.

A l'aide des travaux dont l'exposé vient d'être fait, nos séances seront de plus en plus intéressantes, et la Société, répondant au vœu du Gouvernement, concourra, de tous ses moyens, à la production des éléments d'une bonne géographie médicale de la France.

Ces éléments précieux, le Gouvernement éclairé de Napoléon III les attend du dévouement du corps médical.

Le premier Magistrat de la Haute-Garonne a déjà invoqué, pour cet objet, le loyal concours des hommes qui exercent l'art de guérir dans le département, et a transmis à chacun des instructions d'une exécution facile.

Espérons qu'à l'aide du zèle éclairé et soutenu de tous ceux qui sont conviés à l'accomplissement de cette œuvre, l'Administration supérieure pourra réaliser, en faveur de la science, ce vaste projet, déjà formé sous le règne de Napoléon Ier.

Que chacun, suivant sa position, apporte donc sa part de matériaux à la construction de ce monument national, et les Médecins auront encore une fois, Messieurs, bien mérité de la science, de l'humanité et de la patrie.

TOULOUSE, IMPRIMERIE DE J.-M. DOULADOURE,

www.ingramcontent.com/pod-product-compliance
Lightning Source LLC
Chambersburg PA
CBHW050400210326
41520CB00020B/6402